Charles Le Goffic

Les Phares

Le savoir
en poche

ISBN : 978-1546847571

10 9 8 7 6 5 4 3 2 1

Charles Le Goffic

Les Phares

Le savoir en poche

Table de Matières

Introduction

Pour prendre contact avec les phares, le tertre du Rosédo, dans l'île de Bréhat, est une assiette incomparable. Le cercle d'horizon qu'on embrasse de ce tertre n'est pas seulement un des plus vastes qui soient, c'en est aussi un des plus mouvementés. Même par temps calme, aux traînées de bile qui strient la mer, aux remous qui tremblent sur les hauts-fonds, à la rapidité des courants, et plus encore à ces déchirures violentes du littoral, à ces longues chaînes d'écueils qui crèvent de tous côtés la nappe marine et qui sont comme les défenses avancées de la terre vers le large, on sent une hostilité latente, l'antagonisme mystérieux de deux éléments.

Vainement on chercherait là ces grandes zones mitoyennes de sable ou de tangue qui forment ailleurs la transition, le moelleux tapis de rencontre entre la mer et la terre. Les deux éléments sont restés aux prises. La mer a fini par l'emporter ; mais sa victoire est encore incomplète, et le conflit se prolonge sourdement. Tout le littoral, de Paimpol à l'embouchure du Guer, n'est qu'un chaos de roches gigantesques, jetées les unes sur les autres et qu'un miracle tient en équilibre, une architecture de cauchemar qui ressemblerait, suivant l'expression d'Hugo, à de la tempête pétrifiée. En quelques recoins seulement, que leur exposition défend contre les rudes surprises du « norouât, » aux tournants des fleuves côtiers, dans les failles profondes des étangs à mer, la nature s'humanise, le granit s'attendrit, la « douceur bretonne » reprend ses droits, et l'œil, soudainement reposé, nage sur une mince et grasse coulée de velours vert, s'accroche, entre deux échines de porphyre noir, à l'enchevêtrement d'une flore insoupçonnée de fuchsias, de chênes-lièges, de figuiers et de myrtes arborescents. Dans Bréhat même, rien n'égale la splendeur du rivage méridional, avec ses rochers rouges panachés de pins sylvestres, trempant dans une mer dont la baie d'Antibes pourrait jalouser l'indigo. Mais la partie nord, balayée par les vents, est d'une sauvagerie absolue : il n'y vient que des pierres et des brousses rases couleur de rouille, où s'abattent à l'automne les vols criards des étourneaux. Les fortes marées d'équinoxe, désagrégeant l'argile, enlèvent d'un seul coup d'énormes pans de falaise. Il n'est même pas besoin de ces marées ; le duel se poursuit jusque par beau temps. La mer est là ; on la sent à de soudains tressaillements du sol. Tandis que vous la croyiez inactive, elle poussait au pied de la falaise quelque sape profonde, achevait entre deux syzygies, de ses petites lames aiguës, l'affouillement d'une assise. La côte, avec son prolongement sous-marin, sur une aire de dix lieues, n'est ainsi qu'un grand champ de bataille toujours disputé et dont il émerge encore, à plus de trente milles au large, des débris de continents mal ensevelis :

Etré Pempoul a Lokémo,

Ema gvvélé an Anko…

« Entre Paimpol et Locquémau, dit un proverbe breton, là est le lit de la mort. »

Durs parages pour la navigation ! Le balisage et l'éclairage, avec une louable persévérance, depuis soixante ans travaillent à en atténuer les périls. Dix phares principaux ont été construits aux endroits les plus exposés. Quand le crépuscule descend sur la mer, ils s'allument tous en même temps. Au point extrême de l'horizon, dans le nord-ouest, les Roches-Douvres dardent un long éclat blanc. Moins puissant, le phare de Lost-Pic, sur les Metz de Goëlo, dans ses occultations d'une seconde simule un œil qui clignote. Porz-Don, à l'entrée de Paimpol, le Paon, au nord de Bréhat, Janus riverains, ont deux secteurs, selon l'alignement où on les prend du large, rouge à tribord, blanc à bâbord. La Corne est verte, du vert aigu des prunelles qui ont longtemps regardé la mer. Les Sept-Iles, la Croix, la Horaine, se renvoient leurs feux amis, laiteux effluves que traverse, par moments, la violente fusée pourpre des Triagoz. Et voici le foyer suprême, l'étoile merveilleuse entre toutes, le phare des Héaux, grand cierge de granit dressé à plus de quarante-huit mètres sur l'abîme, au point le plus exposé de la côte, et qui semble le chef de chœur, l'éblouissante Alcyone de cette pléiade marine.

Pour l'observateur placé sur le tertre du Rosédo, ces dix feux sont visibles à la fois : ils font autour de lui une couronne de lumières, pareille à ces couronnes d'étoiles dont les peintres religieux nimbent le visage de Marie. La nuit dissimule les tours qui les portent. On ne voit du phare que son émeraude, le merveilleux rubis, ou la goutte de clarté blanche suspendue à son front ; on ne se rendra compte que plus tard de l'énorme effort, du capital d'énergie et de patience qu'il a fallu mettre en œuvre pour cristalliser cette perle, cette émeraude ou ce rubis. Dans l'aube grandissante, les feux s'apâliront : la tour surgira, pointera comme une dague au dernier plan de l'horizon. Plus rapprochée, on distinguera ses soubassements, son armature, sa ligne. Telle de ces tours est de métal clair : un bulbe de verre se renfle à l'extrémité de sa tige ; telle autre, carrée, massive, aux créneaux gothiques, ne serait-elle pas ce château de la mer où l'on dit que

Morgane accoude sa rêverie ? Et celle-ci, frêle monolithe qu'étaye un trépied à large évaseraient, n'a-t-elle point tenté quelque stylite des nouveaux âges ? Les phares sont habités en effet. C'est peu que l'effort humain ait planté sur l'abîme ces robustes chandeliers de granit ou de tôle : l'abîme a des retours imprévus, de soudaines et inquiétantes révoltes. Sur la flamme près de s'éteindre un esprit veille : plus qu'un esprit, une conscience. Conscience toujours présente, encore que voilée à tous les yeux, et de qui le phare, seul visible sur l'horizon, a fini par emprunter dans l'imagination populaire une sorte de vie supérieure et, comme dit Esquiros, un caractère presque sacré.

Section I

Si nous sommes redevables à l'antiquité de l'invention des phares, si Alexandrie posséda le premier phare connu, en attendant que l'empire romain, de promontoire en promontoire, illuminât de ses bûchers toute la Mer Intérieure ; s'il n'est point sûr enfin que notre Cordouan soit l'aîné ni même le contemporain de la fameuse lanterne de Gênes, c'est vraiment la France qui, après les grandes guerres de la Révolution et de l'Empire, prit l'initiative des nouveaux arts de la lumière et de leur application au salut de la vie humaine. « Armée du rayon de Fresnel, elle se fit une ceinture de ces puissantes flammes qui entre-croisent leurs lueurs, les pénètrent l'une par l'autre. Les ténèbres disparurent de la face de nos mers [1]. »

Il faut songer qu'en 1789 on comptait à peine dans toute l'Europe une vingtaine de phares, et quelques-uns seulement pourvus de lampes à réflecteurs. Le nombre des feux français était déjà de 30 en 1817 (10 grands phares et 20 fanaux). Il était de 59 à la fin de la Restauration ; de 169 (dont 37 de premier ordre) en 1858 ; de 690, y compris l'Algérie et la Tunisie, au 1er janvier 1895. Dès 1819, Fresnel substituait aux anciens réflecteurs paraboliques ses lentilles grossissantes à échelons ; Argand, Quinquet, Carcel, apportaient aux lampes d'ingénieux perfectionnements. L'année 1863 voyait la première application, au phare de la Hève, des éblouissantes clartés de l'arc voltaïque. L'intensité lumineuse du nouvel appareil, qui atteignait primitivement 6 000 becs Carcel, passait, en 1881, au phare de Planier, à 127 000 becs. M. Allard inspecteur général des ponts et chaussées, obtenait peu après à Barfleur, à Ouessant et à Belle-Isle une intensité de 900 000 becs. Ce dernier chiffre semblait un maximum. On pensait s'y arrêter, quand M. Bourdelle, en imaginant de ramener à quatre les lentilles de réfraction, sextupla d'un coup, au phare de la Hève, le rendement de l'appareil focal.

L'éclairage, en bien des cas, n'est cependant qu'une partie de la science des phares. La physique ici doit porter sur la mécanique : il faut une base résistante à ces puissants foyers lumineux, suspendus quelquefois à 70 et 80 mètres de haut. Rien de plus aisé, quand le problème se pose sur le continent. Quand il se pose en pleine mer, dans le grand vent et la houle, sur des écueils de quelques pieds carrés, c'est une autre affaire. Fonder l'absolue solidité dans l'élément le plus instable, dans l'agitation perpétuelle, telle est la donnée à résoudre, et ce n'est point trop, pour y réussir, de toutes les ressources de la construction moderne. Elle y parvient, mais à quel prix ! Ne sortons point de France. Laissons de côté les phares méditerranéens de pleine mer, bâtis pour la plupart sur des îles d'une certaine étendue (phares du Titan, de Porquerolles, du Grand-Ribaud, du Grand-Rouveau, etc…). Planier même, sur son écueil, reste accessible, de bonne composition. Le roc, ici, est presque à ras de mer ; mais la Méditerranée n'y a pas les brusques mouvements de bascule, les profondes poussées équinoxiales de l'Atlantique et de la Manche. Le plateau n'est jamais couvert ; les chantiers y pouvaient être établis à demeure ; la construction n'a subi aucun temps d'arrêt ; nul besoin de surélever les logements des gardiens et la chambre des machines : un mur suffit à les garantir des lames.

L'Atlantique et la Manche ignorent ces complaisances. Les pointes de roches avancées, où l'on a dû bâtir certains phares de grand atterrage, ne découvrent qu'au jusant. Impossible d'y ouvrir un chantier ; les matériaux et le personnel sont apportés chaque jour du continent. Il faut attendre, pour prendre possession du roc, que les assises de la construction aient dépassé le niveau des hautes mers. Aux Grands Cardinaux, petite roche de l'archipel de Groug-Guès, la violence des lames et du ressac ne permettait point l'accostage par temps calme et jusant : on dut mouiller des bouées à une distance suffisante de la roche. Les embarcations s'amarraient sur ces bouées et, pour décharger les matériaux, empruntaient le croc d'une itague, dont le filin, après avoir passé sous une poulie de l'échafaudage provisoire, communiquait avec un treuil fixé sur la roche. Au raz de Sein, sur la Vieille, où les courants atteignent sept milles à l'heure dans les petites marées de mortes eaux et dix milles dans les grandes de vives eaux, l'accostage semblait encore plus malaisé. De pareils courants de masse, troublés par les formes accidentées des fonds, contribuent puissamment à l'agitation de la mer. Un premier projet pour l'érec-tion d'un phare à cet endroit fut présenté en 1872. On n'osa y donner suite. Les études furent reprises en 1879. « Contrairement à ce qu'on croyait, dit le rapport du service des phares, on constata que la roche produisait un remous sensible dans les courants de marée, surtout pendant le flot ; que, grâce à ce remous, la tenue d'une chaloupe de charge le long de la roche était possible, même dans les vives eaux, par mer belle. » De forts organeaux furent scellés dans le roc et quelques massifs de maçonnerie améliorèrent l'accostage nord-est. Les travaux commencèrent au printemps de 1882. Ouvriers et conducteurs venaient de Sein sur le baliseur, avec les matériaux et les canots d'accostage : la tour fut terminée en 1887 et le nouveau feu allumé le 15 septembre. Aux Triagoz, moins exposés, la diffi-culté était autre : une roche accore, la terre à vingt et un kilomètres de distance. Aux Heaux, le grain de la roche s'effritait. On avisa en-fin deux aiguilles de porphyre noir résistant et l'on établit de l'une à l'autre une plate-forme en maçonnerie dépassant de quatre mètres le niveau des hautes mers. Un abri provisoire y fut installé pour les ou-vriers ; mais l'espace était trop restreint. Les hamacs se touchaient ; le scorbut fit rage. Pour enrayer l'épidémie, on soumit les ouvriers à un régime spécial : la boisson et les vivres furent rationnés, four-nis par une cantine sévèrement tenue. Chaque matin, les hamacs étaient exposés à l'air ; chaque semaine, les logements étaient blan-chis à la chaux ; chaque semaine aussi, les hommes devaient prendre un bain. Mais, plus encore qu'avec la maladie, il fallait compter avec la mer. On ne pouvait travailler qu'aux dernières heures du jusant. Le flot était annoncé par une cloche. Précaution justifiée, tant sa sur-prise est brusque ! Le flot, sur ce point, en six heures, fait monter la mer de quarante pieds. Bien souvent les retardataires faillirent être noyés. L'événement le plus grave se passa au commencement de la campagne de 1863 : mâts de charge et treuils étaient en place et l'on se préparait à poser la première pierre, quand un coup de mer ba-laya tout, emporta quatre ouvriers, blessa les autres. Les marins, qui n'avaient jamais cru à la possibilité des travaux, hochaient la tête. La ténacité des ingénieurs fut plus forte : les travaux reprirent. L'érec-tion de la partie sous-marine de la construction, en massif plein, put être achevée. On avait désormais une base stable, et, sur cette base, la svelte et fine colonne se dressa tout d'une pièce à quarante-huit mètres de haut. Cette unité extraordinaire pour le temps avait été obtenue au moyen de granits taillés et encastrés l'un dans l'autre ; chaque pierre mord dans les pierres qui l'entourent : le phare n'est ainsi qu'un bloc unique. Et s'il arrive que, dans les grandes tempêtes, ce bloc oscille, tangue comme un navire à la lame, si les vases à huile présentent quelquefois, dans la lanterne, une variation de plus d'un pouce, d'où M. de Quatrefages concluait un peu légèrement que le sommet de la tour décrit alors un arc de près d'un mètre d'étendue, cette flexibilité n'a rien d'inquiétant et semblerait plutôt un gage de durée. La même oscillation se retrouve dans certains phares en tôle, dont les meilleurs types sont à la Nouvelle-Calédonie et aux Roches-Douvres, et qui ont à peu près la hauteur des Héaux. Ces phares reposent sur un massif plein de quatre mètres d'élévation et de onze mètres de diamètre. On pensait que leur construction serait moins onéreuse, moins pénible aussi, que celle des phares en granit. L'expérience a démontré le contraire. C'est ainsi qu'aux Roches-Douvres, le transport et le montage des pièces du phare ont coûté plus cher que le phare (262 000 francs contre 258 000). Même déception à la Guyane, où l'on essayait un autre type de phare en tôle, avec tube central et piliers extérieurs de petit diamètre reliés entre eux par des entretoises et des tirants en fer forgé, type analogue à ceux de l'embouchure de l'Ebre et de Pater-Noster (Suède). Les difficultés de l'accostage expliquent cette surélévation de la main-d'œuvre. « Plus d'une fois, écrivait M. Vivian, conducteur des ponts et chaussées à Cayenne, il a fallu, pour établir un va-et-vient de débarquement, que des hommes robustes et courageux se missent résolument à la mer et portassent une amarre à la nage. Le risque d'être brisé sur les rochers n'était pas le moindre, car, comme à la barre du Sénégal, les squales abondent dans ces parages. Le ressac et les remous rendaient la navigation très pénible ; plus d'un de nos hommes en sortit blessé, et tous y ont joué leur vie. »

Là, comme ailleurs, à force de patience, de foi tenace chez nos ingénieurs, de dévouement dans le personnel des ponts et chaussées, on triompha des obstacles. Mais où ce dévouement et cette foi furent vraiment mis à l'épreuve comme ils ne l'avaient jamais encore été, ce fut pour la construction du phare d'Armen. Armen, Madiou et Schomeur sont trois roches extrêmes de la chaussée de Sein. Les courans y portent à raison de neuf nœuds à l'heure et, par surcroît, ce sont des courants de dérive. Madiou et Schomeur découvrent à peine, même au bas de l'eau ; d'Armen on voit confusément une sorte de tête camuse, de mufle aplati et blafard qui plonge et qui reparaît entre les lames. Ce qui s'est perdu de navires sur Schomeur, sur Madiou et sur Armen est incalculable. Ces trois bandits de la mer, à la pointe avancée du vieux continent, s'entendaient, dans une association ténébreuse, pour les plus sombres assassinats. Comme le fameux écueil des Hanois et plus encore que lui, ils ont fait, pendant des siècles, « toutes les mauvaises actions que peut faire un rocher. » Le lit de la mer autour d'eux est un vaste cimetière ; c'est le nom que lui donnent toujours les pêcheurs de Sein : *ar Veret*. L'idée de placer là un phare, de sceller un flambeau sur ce trio d'assassins, fut souvent agitée. On reculait devant la difficulté, pour ne pas dire l'impossibilité de l'entreprise. Les études furent commencées cependant ; l'exécution décidée (1867), mais on n'osait croire à son succès. « Dès qu'il y avait chance d'accoster, raconte un des ingénieurs qui conduisaient les travaux, on voyait accourir des bateaux de pêche. Deux hommes de chacun d'eux descendaient sur la roche, munis de leur ceinture de sauvetage, se couchaient sur elle, s'y cramponnant d'une main, tenant de l'autre un fleuret ou un marteau et travaillant avec une activité fébrile, incessamment couverts par la lame qui déferlait par-dessus leurs têtes. Si l'un d'eux était entraîné par la violence du courant, sa ceinture le soutenait et une embarcation allait le reprendre pour le ramener au travail. » À la fin de la campagne, on avait pu accoster sept fois, faire en tout huit heures de travail ; quinze trous étaient percés sur les points les plus élevés. L'année suivante, on accosta seize fois et on travailla dix-huit heures ; des crampons furent fixés au roc. Grand pas vers le succès ! « La construction proprement dite est de 1869, raconte l'ingénieur que nous venons de citer. Il fallait une prise des plus rapides, car on travaillait au milieu des lames arrachant parfois de la main de l'ouvrier la pierre qu'il se disposait à mettre en place. Un marin expérimenté, adossé contre un des pitons du rocher, était au guet, et l'on se hâtait de maçonner quand il annonçait une accalmie, de se cramponner quand il prédisait l'arrivée d'une grosse lame. Les ouvriers, l'ingénieur, le conducteur, qui encourageaient toujours les travailleurs par leur présence, étaient munis de ceintures fournies par la Société de sauvetage et d'espadrilles destinées à prévenir les glissements. » À la fin de cette troisième campagne, on avait exécuté 25 mètres cubes de maçonnerie, que l'on retrouva intacts l'année suivante. En 1870, on accoste huit fois, on passe sur la roche 18 heures 5 minutes ; en 1871, on accoste douze fois et l'on travaille 22 heures ; en 1872, 114^{mc},50 étaient en place et la dépense montait déjà à 135 336 francs. Le phare d'Armen put enfin être inauguré en 1881. Son feu porte à vingt milles, et c'est le dernier qu'on aperçoive en quittant l'Europe. Il a coûté au total 942 200 francs, soit 1 025 francs par mètre cube de maçonnerie et, si ce prix est inférieur encore à celui de certains phares anglais de grand atterrage [2], on peut noter qu'il est presque supérieur de moitié à celui du phare des Berges d'Olonne, le second de nos phares comme chiffre de revient et où le mètre cube de maçonnerie n'a pourtant coûté que 552 francs.

Où il y a roc, il y a prise. Mais le danger peut venir d'ailleurs, surtout dans les rades foraines, mamelonnées de bancs de sable et de tangue, et à l'entrée de certains ports dont les chenaux se déplacent brusquement aux équinoxes. Cette instabilité n'est point pour aider aux constructions sur assises. Nous n'avons point en France de ces phares flottants, qui tiennent de la tour et de la bouée, et dont l'invention est due à un Anglais, M. Herbert, — et c'est peut-être que le système, séduisant en théorie, laisse fort à désirer dans la pratique. Le relèvement des chenaux et des bancs est assuré chez nous par des bateaux-feux. Ce sont de grands pontons en bois d'une forme donnée pour présenter la plus grande somme de résistance au vent et aux vagues, et qu'on affourche solidement aux points dangereux de la côte. Il y a généralement deux feux par ponton, l'un blanc, l'autre rouge ou à éclipse, fixés à chaque mât par de grosses boules treillissées qu'on abaisse ou qu'on hisse à commandement. La première application qui ait été faite chez nous de ces bateaux-feux remonte à l'année 1860. Les bancs de Calais, de By et de Mapon, à l'embouchure de la Gironde, furent les premiers éclairés par des pontons lumineux. Puis, ce fut le tour des bancs du Snouw et du Dick aux abords de Dunkerque (1863), du plateau des Minquiers (1864), et du plateau de Rochebonne (1865). En 1869, on installe, au large des bancs de Flandre, le feu flottant de Ruytingen et, en 1870, celui du Grand-Banc, à l'embouchure de la Gironde. Hormis le Ruytingen et le Snouw, tous ces feux étaient fixes blancs. Mais déjà, à la date du 22 mars 1892, il avait fallu renouveler les pontons du Dyck et du Ruytingen et songer à la réfection des autres bateaux-feux, dont le délabrement inquiétait la commission des phares. Cette commission jugea que les pontons des Minquiers et de Rochebonne, « qui signalaient simplement un danger dans l'intérêt presque exclusif de la pêche, » et ceux de la Gironde, « dont les indications se bornaient à définir des alignements faciles à indiquer par d'autres moyens moins dispendieux, » pouvaient être supprimés et remplacés par un certain nombre de bouées lumineuses « convenablement disposées et caractérisées. »[3] La construction d'un bateau-feu coûte en effet de 100 à 150 000 francs ; l'entretien de l'équipage passe quelquefois 20 000 francs. Restaient les pontons du Dyck et du Ruytingen, que la commission proposait de conserver « comme feux destinés à l'atterrage, en les munissant d'appareils à éclat d'une puissance de 1

200 becs Carcel, trente fois plus grande que celle des anciens feux, laquelle était moyennement de 40 becs. » Le Dyck et le Ruytingen reçurent les perfectionnements indiqués. Le Ruytingen fut pourvu par surcroît d'une sirène de brume actionnée à l'air comprimé ; les frais de réfection et d'installation de ce ponton, le mieux outillé de la côte, montèrent à 300 000 francs. Pleine satisfaction était donnée sur ce point aux vœux de la commission. Mais le service des phares ne crut pas devoir adopter immédiatement le second vœu des enquêteurs, tendant au déclassement des bateaux-feux du Grand-Banc, de Calais, de By, de Mapon et de Rochebonne. Seul le ponton des Minquiers fut supprimé et remplacé par un cordon de bouées lumineuses. Les autres bateaux-feux, suivant l'*État d'éclairage des côtes de France et d'Algérie* dressé au 1er janvier 1895, étaient maintenus dans leur ancienne condition.

Section II

Le phare est allumé. De lourdes nuées traînent dans le vent qui monte. Que sera la nuit ? Le baromètre baisse ; la mer stagne, comme figée : mauvais signe ! Sous ce marbre noir, veiné par places de blancheurs équivoques, on sent une colère qui couve. Et cependant, à la barre, le pilote ne fut jamais plus calme, plus confiant : cette longue clarté sinueuse, ce ruban de lumière que le phare déroule jusqu'à lui, c'est la magique, la mouvante passerelle qui mène de l'abîme au port, du danger au salut, qui court chercher le navire aux confins de l'horizon visible, s'attache à lui, ne le quitte que rendu et en sûreté, ou après l'avoir remis sur une autre voie toute pareille, toute d'or comme elle, au carrefour que fait sa flamme avec la flamme d'un autre phare…

« Qui voit le phare, — fini son quart, » dit un proverbe marin, c'est-à-dire fini son danger, finis ses angoisses et ses doutes. Ce mot même de phare dégage je ne sais quel prestige. Il est éclatant et bref. La poésie lui a fait un sort : elle le prend pour signifier tout ce qui luit, tout ce qui guide, tout ce qui sauve. Michelet saluait dans les phares les bons génies des marins. Il n'était pas loin, comme Esquiros, de leur reconnaître une personnalité morale, une conscience. À ses heures de lyrisme, il les interpellait : « Ah ! Cordouan, Cordouan, ne sauras-tu donc, blanc fantôme, nous amener que des orages ! » Le pêcheur côtier, le marin du commerce, ont un peu de cette attitude devant les phares : ils ne se résignent pas à les traiter comme des choses ; ils leur prêtent des sentiments, une âme, presque un caractère distinctif, parlent d'eux comme de gens qu'on coudoie, qui sont de vos relations. À Marseille, comme je demandais à un marin le nom d'un feu éloigné, tout à l'entrée de la passe : « C'est Planier, monsieur, me dit-il ; Planier, un b… comme il n'y en a pas beaucoup ! » Dans la grande navigation, quand, après de longs jours de mer, l'homme de vigie dans la hune signale le premier feu d'atterrage, tout le navire est en émoi : la cloche sonne au bossoir ; on hisse le drapeau ; les hommes se précipitent à l'avant, s'embrassent, pleurent, pétrissent fiévreusement leurs bérets. Cela n'a été souvent qu'un éclair dans la nuit, mais cet éclair, c'est le premier salut de la terre natale, la première étincelle du foyer domestique retrouvé, deviné sous le morne écran nocturne. On crie : « Vive Armen ! Vive Cordouan ! Vive Planier ! » de la même façon qu'on acclamerait une personne aimée. C'est un fait bien connu, il est vrai, que la disposition singulière des hommes qui vivent dans la familiarité de la mer à personnifier les forces naturelles. Combien plus, quand ces forces ont un langage, quand elles disent en mots lumineux comme ici : « Prends par tribord ; évite mon secteur rouge qui donne le danger ; cherche l'alignement de cet autre feu que tu vas voir derrière moi ; va de l'avant, le port est proche. » Qui entend ce langage est bien près de lui donner la réplique, de remercier à mots polis le charitable avertisseur. Bien peu y manquent. Le pêcheur côtier surtout, qui, plus encore que le marin du commerce, vit dans l'intimité des phares, passe la moitié des nuits sous leurs clartés tutélaires, s'est fait avec eux un langage approprié, d'une richesse et d'une variété surprenantes. De la lueur du phare, il ne tire pas seulement des indications pour la route à suivre, pour les périls à éviter. Il lui demande des renseignements sur la météorologie du lendemain : feu blanc qui tourne au rougeâtre, signe de pluie ; feu qui se dédouble, signe de froid sec ; feu bas sur l'eau, signe de mauvais temps. Le degré de visibilité et d'intensité des feux fournit à une nomenclature plus riche encore. Et ces indications, ces renseignements ne trompent jamais : le phare est infaillible. Cela ne laisse pas d'accroître sa réputation. Etre de clarté, il n'émane de lui que clarté. Alors que chaque rocher de la côte a sa légende, ses larves, ses monstres, sa fantasmagorie d'apocalypse, quand la mer, les vents, les courants, la nuit, s'incarnent et se multiplient en on ne sait quel grouillement d'épouvante, lui, échappe au maléfice ; sa pure splendeur fait reculer la superstition.

Les folkloristes, qui ont porté leurs recherches de ce côté, reconnaissent n'avoir rien trouvé qui vaille. « Les phares, dit l'un d'eux,

M. Paul Sébillot, sont très pauvres au point de vue des traditions merveilleuses ou des superstitions. » Les quelques faits recueillis tendraient même à montrer que cette pauvreté est plus absolue qu'on ne dit. M. Le Carguet a raconté que, lors de la construction du phare de Tévennec, les habitants faisaient intervenir sur la roche les morts en état de conjuration. « Le jour, pendant la construction, au-dessus des travailleurs tournoyaient les oiseaux de mer, surpris d'y voir des êtres vivants, eux-mêmes qui ne pouvaient s'y poser, à cause des morts ! Par leurs cris : « *kers-kuit*, va-t'en, « ils semblaient prévenir les travailleurs des dangers qui les menaçaient. La nuit, c'étaient des bruits de gens qui se querellaient, se battaient ; on aurait dit tout bouleversé ; le couvercle de la citerne, surtout, déjeté de côté et d'autre. Des vieillards parcouraient la roche et le bâtiment. Des croix se dressaient et s'abattaient ; des gens s'y suspendaient. Au jour, tout était en ordre. Pour faire cesser le bruit et les apparitions, on fut obligé d'ériger, sur le roc, une croix en pierre [4]. » Mais qu'on remarque que ces apparitions et ces bruits sont antérieurs à l'allumage du phare et se produisent seulement pendant sa construction. Et ne sait-on point enfin que les habitants de la côte et des îles, pillards effrénés, se satisfaisaient mal de voir le raz de Sein éclairé et, du même coup, leurs courses nocturnes, leurs aubaines compromises ? Mais voici mieux. Sur cette race de forbans, sur ces « démons de la mer, » comme on les appelait il y a cinquante ans encore, et qui tiraient gloire du sobriquet, le phare a exercé un muet apostolat de douceur et de charité : s'il n'a pas complètement changé, comme l'avance M. Le Carguet, les hommes de mer du cap Sizun et de l'île de Sein, il les a singulièrement améliorés, humanisés, rendus plus respectueux du naufragé, sinon du naufrage lui-même. Cette influence moralisatrice du phare n'a pas été remarquée seulement à la pointe extrême du Finistère : on l'a observée en bien d'autres endroits, et spécialement sur les côtes de Saintonge, où, avant l'allumage des phares, les riverains, dans les nuits noires, « attachaient volontiers au cou d'un baudet, dont les pieds étaient légèrement enfergés à l'aide d'une corde, une grande lanterne allumée, » qui imitait par ses oscillations le tangage d'un navire [5].

Les faits, ici, parlent d'eux-mêmes et il semble bien que la psychologie du phare s'en éclaire intimement. M. Sébillot n'en estime pas moins que l'absence de traditions sur les phares est simplement due « à ce que la plupart d'entre eux ont été bâtis à des époques récentes. » Pure hypothèse. Sur aucun des anciens phares de l'antiquité et des temps modernes, on ne connaît de légende [6], tandis qu'on en connaît un grand nombre sur certains signaux qui servaient et qui servent encore à la navigation de jour. Par exemple, c'était une coutume jadis chez les vieux pêcheurs, quand on érigeait une balise, de s'ouvrir le bras et d'arroser de sang le trou où elle allait être plantée : double offrande propitiatoire au rocher et à l'abîme. La plupart des « amers » portent un sobriquet, indice presque assuré d'une tradition. Tel l'amer dont parle Mlle Amélie Bosquet et que les marins n'appellent point autrement encore que le *Bonhomme de Fatouville* : « Un vieux pilote, qui seul savait le cours de la Seine, demanda à Dieu un successeur : le bâton desséché sur lequel il s'appuyait devint un vert pommier affectant la forme d'un vieillard ; l'une des branches semble un bras allongé. Les habitants de Fatouville se cotisent pour l'entretien de cet arbre qui sert toujours d'amer. » Les cloches placées au moyen âge sur certains écueils étaient fées. Il y avait, à Tintaguel, une cloche maudite qui tournait autour des navires pour les égarer. Suivant une autre tradition, rapportée par Violeau, les cloches de Saint-Gildas tintaient d'elles-mêmes lorsqu'un navire était en danger de se perdre. Et si, quand les cloches, les amers et les balises fournissaient avec cette abondance au folklore maritime, la contribution des phares demeurait à peu près nulle, n'est-ce point tout uniment que la légende est fille du mystère et que le phare a pour mission spéciale et formelle de dissiper le mystère ? Qui dit clarté dit évidence. La seule légende qui pouvait naître sur le phare est celle qui a cours chez tous les marins, qui l'enlève à son impassibilité d'instrument pour le hausser à la dignité de personne morale, qui, dans la rude colonne de granit ou de fonte, loge une âme. Et est-ce proprement là une légende ?

Section III

Les phares, sur leur colonne de granit ou de fonte, ont bien une âme, et c'est celle des gardiens qui veillent sur eux, qui les entretiennent et assurent la régularité de leurs mouvements. Cette surveillance et cet entretien ne s'exercent pas de la même façon dans tous les phares. Il est constant que les entrées des ports et les embouchures des fleuves ouverts à la navigation maritime ont été regardées pendant longtemps comme les seules parties des côtes qu'il fût nécessaire d'éclairer : d'où le petit nombre des phares, qui étaient presque tous placés à terre. L'éclairage, par surcroît, en était rudimentaire ; les lampes mal entretenues ; le personnel recruté vaille que vaille (on enrôlait généralement de vieux retraités de la marine, des invalides, quelquefois des femmes). Livrés à eux-mêmes, sans aucun contrôle que celui des inspecteurs de passage, les gardiens n'apportaient point à leur tâche toute la régularité désirable. En 1816 particulièrement, il y eut plusieurs plaintes déposées par des capitaines du commerce « contre la négligence des gardiens allumeurs des feux du cap Fréhel. » En 1829, le capitaine Lastelle, débarquant à Saint-Malo, se plaignit d'avoir trouvé, dans la nuit du 23 au 24 octobre, le mouvement des phares suspendu [7]. Les faits de cette sorte étaient assez fréquents. L'organisation actuelle n'en permettrait pas le retour. Sévèrement recruté, le personnel des phares est soumis à une surveillance de tous les instants : si quelques fanaux de médiocre importance ont encore des femmes pour gardiennes, le personnel est exclusivement masculin dans les phares proprement dits. Les gardiens doivent être valides ; ils subissent à cet effet un examen médical qui porte sur la vue et l'état général de la constitution ; la limite d'âge pour l'entrée en fonction, fixée d'abord à quarante ans, a été abaissée à trente-cinq ; une certaine instruction est requise ; le postulant n'est nommé enfin qu'après un stage qui permet d'apprécier son intelligence et sa moralité.

Ce stage n'est pas moins nécessaire, surtout dans les phares électriques, d'un outillage si compliqué, pour le mettre au courant du service : à Planier, à la Hève, au phare d'Eckmühl, etc., le postulant est confié au gardien-chef, qui, dix nuits de rang, « fait le quart » avec lui dans la lanterne et l'initie au maniement des lampes. Les nuits qui suivent, le chef reste couché dans la chambre de l'appareil, ne dormant que d'un œil et prêt à répondre au premier appel du stagiaire. Quand il juge enfin que celui-ci est à même de diriger la lampe, il le laisse seul pendant quelque temps et ne fait plus que ses rondes habituelles (deux en été, trois en hiver). Le postulant est alors initié au travail des machines. Comme précédemment, le gardien-chef passe avec lui dix nuits de rang dans la chambre de chauffe. On y fait le quart, en effet, comme dans la lanterne. Mais ce n'est là qu'un régime d'exception, appliqué seulement dans les phares de premier ordre. Le quart est ordinairement supprimé dans les fanaux et les phares placés à l'entrée des ports. Le gardien n'y est tenu qu'à deux rondes par nuit pendant l'été. Beaucoup des phares de cette sorte sont de simples colonnes isolées ; le gardien n'y habite point et se loge en ville comme il l'entend ; sa vie ne diffère point de celle des petits fonctionnaires de la marine : elle est aisée et peu intéressante. Dans les phares de terre qui sont placés sur des caps écartés, loin de tout village, comme à Barfleur, au raz de Sein, etc., l'administration a dû se préoccuper de l'habitation des gardiens. Dans ces phares, la tour forme généralement la partie centrale des constructions : elle est enclavée dans un corps de logis contenant les magasins et les logements (Ploumanach, Le Paon, etc.). Quelquefois (phare des Baleines, de Créac'h, etc.) la tour communique avec les autres bâtiments par une galerie couverte. À Ally et à Barfleur, les logements sont placés dans des ailes construites sur les côtés d'une cour dont le phare occupe le centre. À Hourtin et à Contis, les logements sont établis en arrière des tours. Parfois encore (La Hève), deux phares sont accouplés pour donner un alignement ou un signal : les logements et magasins forment un corps de logis à l'écart.

Pour tous ces phares, tant pour ceux de terre ferme que pour ceux qui sont placés dans des îles d'une certaine étendue, l'administration autorise les familles des gardiens à loger dans l'établissement. Au début, les logements ne faisaient qu'un corps. Des mésintelligences éclatèrent. « L'administration, dit M. Léonce Reynaud, prit le parti de n'admettre que ses agents dans l'intérieur des phares, laissant à ceux qui étaient mariés le soin de loger leur famille ainsi qu'ils le jugeraient à propos. » C'était aller tout de suite aux extrêmes, et l'inconvénient d'un pareil régime, appliqué en terre ferme, ne tarda pas à se faire sentir. Finalement, on adopta un moyen terme qui consistait à disposer les logements « de manière qu'ils fussent indépendants les uns des autres et complètement en dehors de la partie de l'édifice qui est consacrée au service public. »

J'ai pu voir, à Planier même, et dans des conditions que l'éloignement de tout centre habité et la faible surface de l'îlot rendaient plus frappantes, les excellents effets de ce régime mitoyen. Les gardiens de Planier sont au nombre de six, dont un à terre. Les familles des gardiens habitent avec eux. Chaque ménage dispose de deux pièces avec entrée spéciale, d'un grenier et d'une petite cour. Une grande cour banale règne devant les bâtiments, protégée par un mur circulaire et flanquée, à droite, par le phare neuf, colonne isolée de cinquante-neuf mètres de haut, à gauche, par le vieux phare, petite tour ronde et blanche, à créneaux et à fenêtres ogivales, par les installations du pluviomètre, du thermomètre et des instruments servant à mesurer la densité de la mer. Cette cour, sablée de gravier, fait office de forum, en même temps que de communal et de préau. Les gardiens l'ont meublée de petits poulaillers en planches, de clapiers et de pigeonniers. Mais tous leurs efforts pour y introduire un peu de verdure sont restés inutiles. On avait rassemblé un peu de terre contre le pignon d'un des logements et, dans cette terre, gardée par un muret de ciment, planté un tamaris dont la pâle verdure égayait la froide blancheur du rocher : le tamaris n'a pu résister au vent. Grande tristesse pour les exilés ! Il n'y a pas une plante, pas une herbe, sur Planier. Dans le jour, l'astiquage et le briquage terminés, les hommes s'occupent à la pêche : l'encornet, qu'on prend au moyen d'épingles à émérillon repliées autour d'un chiffon rouge, donne surtout en été. On fait aussi la pêche avec des nasses amorcées de têtes de « bogos » et de sardines. Cependant les femmes cousent, tricotent ; les enfants jouent. L'été encore, les chalutiers de Marseille se réunissent autour de Planier : à la nuit tombante, eyssaugues et tartanes rallient l'un des petits ports naturels de l'écueil ; chalutiers et gardiens fraternisent. Mais la grande distraction des exilés, c'est la visite du *côtier*, petit vapeur faisant la relève des phares tous les dix jours et qui les ravitaille de légumes, de pain frais et d'eau douce. À peine le vapeur signalé, toute la population féminine se porte sur la jetée. Je me souviens en particulier d'une jolie fille de Marignane, aux yeux extraordinairement verts, du vert aigu des mers bretonnes, blonde, éveillée, qui n'avait pas seize ans et venait d'épouser un gardien. Dans la bande jacassante des enfants et des femmes, elle était la plus vive, faisait les questions et les réponses en même temps : « C'est la première fois que vous venez en Planier ? Moi, je ne me languis pas trop d'être ici. » Pourtant le séjour n'est pas des plus gais. Les vents du nord sont terribles : « Impossible de mettre le nez à la fenêtre ; il faut tout clore, allumer les lampes en plein jour. » Une autre femme, une mère, se plaint que les enfants ne reçoivent pas d'instruction. « Le gardien-chef s'arrange bien de son petit. Mais les autres ?... Il faudrait peut-être donner un supplément au chef pour qu'il fasse l'école à nos gamins... Ou bien nous envoyer tous les jeudis un instituteur de Marseille. » Puis, les logements sont bien étroits. Dans certains ménages, chargés d'enfants, « on est tous empilés dans une même pièce. » Sous ces réserves, la vie est supportable « en Planier. » Le système du « chacun chez soi » prévient les mésintelligences qui naîtraient immanquablement d'une cohabitation absolue. De fait, tous ces gens s'entendent parfaitement ; les familles sont très unies, l'inspecteur de service n'est presque jamais forcé d'intervenir. Enfin l'on descend à terre de temps à autre : la « relève » des gardiens se fait régulièrement tous les cinquante jours. Dans l'intervalle, aux beaux mois, on reçoit la visite des eyssaugues, du *côtier* et des touristes. Le voisinage de Marseille met une animation continuelle sur la mer. La ville elle-même, sur l'horizon, dans un poudroiement lumineux,

Charles Le Goffic

chante et miroite : on la dirait toute proche par temps clair. Et d'elle à Planier vingt îles s'allongent, font une chaîne d'or sur l'eau bleue. Ce n'est point là le farouche isolement des phares atlantiques. Et le semblant de nostalgie qu'on devine parfois aux yeux des exilés vient seulement de ce que la gaieté bruyante, l'exubérance de la race sont trop comprimées, ne trouvent point à s'épancher sur l'étroit espace qui leur est mesuré.

Et cependant les gardiens de Planier sont des privilégiés. Nulle part ailleurs, sur les écueils que la vieille langue marine appelle des Isolés, les gardiens n'ont leur famille avec eux. C'est la mer toute nue qui s'étend autour du phare ; les navires passent au large, silhouettes vagues, points troubles sur la grise immensité. Un cercle d'argent pâle ferme l'horizon, et cette mince charnière lumineuse finit elle-même par s'effacer ; vienne le crépuscule ou la brume, le ciel et la mer soudent leurs deux hémisphères ; on ne les distingue plus l'un de l'autre ; l'œil tâtonne dans des limbes blafards, un champ d'ombre d'une infinie tristesse. Ou bien le vent fraîchit : de la grande cuve équatoriale une houle monte, approche, remplit la moitié du ciel. Gonflée de toute l'amplitude des quinze cents lieues qu'elle vient de traverser sans arrêt ni heurt, elle balayerait le phare d'un seul coup, si la convexité des assises ne changeait son choc en glissement. Il a fallu que les besoins de la navigation devinssent bien impérieux, pour qu'on tentât de faire servir les Isolés à l'éclairage des côtes. Mais l'expérience a montré que c'était la position du littoral, et non pas seulement les entrées des ports et les embouchures des fleuves, qu'il importait de signaler aux navigateurs. Or, le littoral présente une série de caps, d'îlots et de bancs diversement accentués « qui peuvent être considérés comme les sommets d'un polygone circonscrit à tous les écueils, et l'on a placé un feu sur chacun, de manière à annoncer la terre aussi loin que le permet la puissance des appareils. » Les feux de cette sorte sont dits de grand atterrage, et beaucoup d'entre eux sont construits sur des Isolés de haute mer. Des feux de moindre importance signalent, à l'entrée des baies, les Isolés plus rapprochés du continent et compris, par leur situation, dans la zone des feux de grand atterrage. Ces Isolés, qui sont en très grand nombre dans la Manche et l'Océan, reçoivent généralement trois gardiens permanents pour les phares de premier ordre, deux pour les autres, un seul quelquefois pour les feux d'alignement ou qu'un étroit chenal sépare de la terre ferme. La durée du séjour dans les Isolés varie d'après les règlements administratifs : au phare de la Croix, par exemple, où il n'y a qu'un seul gardien, la relève est faite tous les quinze jours ; aux

Triagoz, où il y a deux gardiens, tous les trente jours ; aux Roches-Douvres, où il y a trois gardiens, tous les quarante-cinq jours ; à Planier, où il y a six gardiens, tous les cinquante jours. La durée du congé à terre est elle-même en proportion de la longueur du séjour dans le phare.

C'est au baliseur des ponts et chaussées qu'est confiée, dans la plupart des départements, la relève des Isolés de haute mer. Ce navire transporte, à l'aller, le gardien dont le congé a pris fin et qui va remplacer celui dont c'est le tour de descendre à terre. L'homme fait visiter d'abord sa « cantine, » grand panier en bois de forme réglementaire, grossièrement colorié, avec le nom du propriétaire sculpté au couteau sur le couvercle, et renfermant les mille petits objets que nécessite un déplacement prolongé : fil, aiguilles, bas de laine, chaussettes, vieux journaux, etc., pêle-mêle avec du pain frais, du biscuit, du lard, des choux, des carottes, de l'huile, du café et quelques litres de vin ou de bière (les pommes de terre sont à part dans un sac). Cette vérification, soigneusement faite par le conducteur des ponts et chaussées, a pour but de s'assurer que le gardien a bien pris la quantité de provisions indiquée par le règlement et qu'il ne dissimule dans sa cantine aucun alcool. L'Etat, en effet, accorde une indemnité de vivres aux gardiens des Isolés ; mais il leur laisse toute liberté de s'approvisionner à leur guise et, si médiocre que soit cette indemnité (450 francs environ pour les phares où la durée du séjour est la plus longue ; 250 francs pour les phares où elle n'est que de trente jours), ces braves gens trouvent encore le biais pour économiser sur leurs frais de nourriture. Quant à l'interdiction de l'alcool, elle s'entend de soi : l'assiduité, la vigilance qu'on réclame des gardiens, les graves responsabilités qu'ils encourent, exigent qu'on leur ôte toute occasion, tout prétexte d'un manquement. Divers accidents sont venus montrer la nécessité de cette interdiction, qui est de date récente : il y a cinq ans, au Grand-Léjon, un des gardiens, qui était ivre et rôdait dans la galerie extérieure, prit le cartahut pour la main courante de l'escalier et tomba dans le vide. Ce fut miracle s'il ne se cassa qu'une jambe. En général, du reste, le gardien de phare est sobre. « Nos hommes ne font même pas la noce à terre, me disait un conducteur des ponts et chaussées. Dans le service, ils boivent de la piquette, un peu de café. » La cuisine est commune, mais chacun a sa chambre. C'est le plus souvent un réduit de quelques mètres, tout pareil à une cabine de navire et où l'on a pu loger exactement un lit de fer, une commode et une chaise. Mais le lit est avenant sous son rideau de cretonne à fleurs ; le parquet ciré ; les murs, qu'une cloison isolante en briques préserve de l'humidité, peints à l'huile ou glacés d'enduits hydrofuges. Dans les phares plus anciens, et quand la place n'était pas trop mesurée, que la colonne pouvait s'encastrer dans un corps de bâtiment, ces chambres de gardiens offrent quelquefois un luxe véritable. Témoin le phare des Triagoz, où apparaît un souci d'art et de confort très évident ; la tour carrée et crénelée, de style gothique, est bâtie de granit rouge que rehaussent sur les côtés des pierres piquées de granit blanc ; une étoile centrale de marbre orange rayonne dans le vestibule sur un carrelage de marbre noir ; l'escalier, tendu de tapis, mène à deux étages de chambres, fort vastes et fort hautes, lambrissées, parquetées et cirées, avec un revêtement intérieur de châtaignier verni, des armoires sculptées et des cheminées, dont l'une en marbre blanc surmontée d'une glace à biseaux.

Mais c'est à Cordouan surtout que ce souci d'art, peut-être excessif, s'est déployé dans toute sa pompe. Il est vrai que la partie inférieure du phare date de la fin du XVIe siècle. Cette partie rappelle dans son ornementation et sa forme les églises en rotonde de la Renaissance française : le portail éclate de surcharges ; le premier étage est occupé par une chapelle la plus élégante du monde, de style corinthien, avec deux rangs de fenêtres et une voûte en plein cintre ; au-dessus de la porte, on a logé le buste de Louis de Foix, le célèbre architecte auquel Philippe II confia plus tard la construction de l'Escurial et à qui sont dus les plans du phare de Cordouan. Seule, la partie supérieure du phare est d'exécution récente. L'ancienne tour, en forme de pavillon circulaire, voûté et décoré de pilastres composites et couronné sur son entablement par la balustrade à jour d'une galerie extérieure menant dans la lanterne, a été remplacée par une grande colonne nue dont la sécheresse contraste avec la richesse des soubassements, mais qui porte l'appareil focal d'un élan à soixante-trois mètres au-dessus du sol.

Tel quel, cet Abraham des phares français, comme on l'a surnommé, reste encore un beau monument et qui regagne en hardiesse ce qu'il a perdu en ornementation. On y peut saisir mieux qu'ailleurs, et par cette juxtaposition des deux styles, le principe qui domine actuellement dans la construction des phares et qui est celui de la solidité, de la stabilité, d'une forme rationnelle et d'une distribution judicieuse. Ce principe, que M. Léonce Reynaud a fini par faire prévaloir, n'a pas été admis du premier coup. On reconnaît aujourd'hui, avec l'éminent ingénieur, que les phares « ne sont pas des œuvres de luxe, mais des édifices d'utilité publique, et qu'il convient d'autant mieux de leur conserver ce caractère, avec toute la simplicité qu'il comporte, que la plupart d'entre eux sont établis loin de tout centre de population. » L'ordonnance générale de la construction s'est ressentie la première des conséquences du principe adopté ; ses effets n'ont pas été moins sensibles sur la disposition intérieure et l'aménagement des locaux ; si l'on a conservé dans quelques phares d'ancien style les chambres, voire les salons particuliers destinés aux ingénieurs et aux inspecteurs, ce déploiement de canapés, de meubles d'acajou, de lambris, de cadres à l'anglaise, pour des visites qui durent une heure en moyenne, a semblé lui-même un peu excessif ; on le supprime généralement dans les nouveaux phares.

Section IV

Sitôt débarqué du baliseur, le gardien commence son service. Il prend possession de sa petite chambre, dépose ses provisions dans son garde-manger spécial, balaye, frotte, astique, savonne, etc. Ce nettoyage va de bas en haut, du rez-de-chaussée à la lanterne, en passant par la chambre des appareils. Il faut épousseter les bidons, les verres, les glaces, les cornets, les lampes de rechange ; il faut renouveler l'huile, imbiber les mèches, dégager l'obturateur…

Toutes ces opérations préliminaires ont pour conclusion l'allumage. Pendant le jour, des stores blancs à bandes rouges sont abaissés sur les glaces ; on les relève au crépuscule : c'est le démasquage. L'homme fait jouer un ressort qui met en mouvement l'appareil optique circulaire. Il pénètre ensuite dans la cage de la lanterne, qu'il allume d'abord à petite flamme et dont il hausse graduellement les mèches à mesure que la nuit tombe. Quand elles dépassent la couronne du bec, la flamme a pris tout son éclat ; la pleine nuit est venue, mais la tâche du gardien n'est point terminée. Le quart est de règle dans tous les Isolés. Ce quart dure de la chute du jour à minuit, et le quart suivant de minuit au lever du jour. L'homme qui le fait n'est pas tenu de rester debout comme à bord. Dans le fauteuil que lui concède l'administration il peut s'asseoir, coudre, rêver, mais sous condition de surveiller attentivement le feu, et non seulement le sien, mais encore celui des autres phares visibles sur l'horizon. Il doit noter le temps qu'il fait, les navires qui passent, le degré de transparence de l'air, les incidents de toutes sortes qui viennent rompre la monotonie de sa faction. Réglementairement, et à cause de l'éclat du foyer, il porte des lunettes noires. Quand la fin de son quart approche, il appuie sur un timbre dont la sonnerie court réveiller au-dessous de lui le gardien chargé de le remplacer. Il descend alors dans sa chambre et se couche pour le reste de la nuit. Le lendemain (à six heures, l'été, à sept, l'hiver) il est debout, pour le nettoyage, le briquage, etc.

Mais ces opérations ne prennent qu'une partie de la matinée. Le voilà libre pour le reste du jour. Que va-t-il faire ? Sur ces écueils de haute mer, sur les plus larges même et en été, il ne lui est pas toujours loisible de sortir du phare. Deux obstacles : le vent de nord, la houle de fond. Tous deux sont traîtres. Des calmes trompeurs précèdent leurs pires attaques : qu'une fenêtre bâille dans un de ces répits, c'est toute la mer par l'un, tout le poumon de la tempête par l'autre, qui s'engouffrent dans le phare. Il faut, en plein midi, fermer les volets, barricader les portes, allumer les lampes, vivre comme dans la nuit, avec, autour de soi, le formidable ronflement d'orgue, le *Dies iræ* perpétuel de la rafale d'en haut contre les vitres. La claustration est absolue et dure quelquefois quinze jours, trois semaines, des mois entiers, l'hiver. Où et comment se mouvoir alors, dans ces minces colonnes qui, à mer basse seulement, découvrent un bout de roc inaccessible et, le reste du temps, plongent droit dans l'écume ? Et pourtant le besoin de mouvement est impérieux. Dure nécessité ! Pour lui donner satisfaction, il n'y a pas d'autre moyen que l'ascension et la descente, la descente et l'ascension dans l'escalier qui grimpe à la lanterne : les chambres, en effet, sont trop étroites ; on n'y peut faire plus de trois pas en longueur. Cette façon de régime cellulaire finit par retentir sur le moral des gardiens. Un fil invisible, à bord du navire qui passe, rattache le marin à la terre, au monde habité. Le navire marche ; il vient de quelque part et il va quelque part. Aller, venir, c'est de la vie encore. Ici, l'immobilité est complète. On a l'impression d'un isolement éternel et comme d'un arrêt du temps sur un point déterminé du vide.

Dans un récit anglais bien connu, l'auteur fait parler un gardien nouvellement débarqué au phare d'Eddystone, où il avait pour compagnon un vieil Ecossais rigide, habitué des phares, qui, lui, contre sa détresse intérieure, recourait à la ressource ordinaire des protestants, la Bible. « Quelquefois je fondais en larmes, dit le héros du récit, et je me désolais comme un enfant pendant une heure entière ; mais les larmes ne m'apportaient aucun soulagement. Chaque jour me paraissait ne devoir jamais finir, et, lorsqu'il arrivait à son terme, je n'en éprouvais point de satisfaction. Je savais qu'un ennui de même nature allait fondre sur moi le lendemain. » Pour mieux suivre la fuite des heures, il avait suspendu sa montre à un clou, mais les aiguilles n'avaient pas l'air de se mouvoir. Il se disait alors :

« Je vais rester longtemps sans y jeter les yeux, » et, lorsqu'il croyait avoir laissé passer un intervalle suffisant, il la regardait et s'apercevait que quelques minutes seulement s'étaient écoulées. Puis, ce fut le tic-tac de la montre qui, à la longue, l'agaça. Il la mit dans sa poche, dans un tiroir, dans une armoire : l'odieux bruit le poursuivait toujours. Finalement il jeta la montre à l'eau… L'énervement du malheureux homme se trahit ainsi à mille traits, jusqu'au moment où, par sa faute, son vieux compagnon meurt soudainement et le laisse seul dans le phare. C'est alors une bien autre affaire. La mer est démontée ; on ne peut répondre de la terre aux signaux d'alarme qu'il multiplie inutilement. Quand enfin on aborda pour le chercher, huit jours s'étaient écoulés et il était presque fou.

Sur quel fondement, réel ou imaginaire, repose le récit de l'auteur anglais ? Je ne saurais le dire ; mais ce ne sont point les confirmations qui lui ont manqué chez nous. N'avoir autour de soi que l'uniformité grisâtre de la mer, languir prisonnier, des semaines entières, sans pouvoir ouvrir une fenêtre, avec le même compagnon, dont la promiscuité obligatoire de cette vie vous a révélé toutes les manies, les habitudes, les façons de parler, les gestes, les tics, dont chaque mot est attendu et connu de vous par avance, — tout cela aussi est horrible. Nansen, dans son récit de voyage au pôle, raconte qu'au moment de l'hivernage, quand les marins du *Fram*, par hygiène, descendaient sur la glace, chacun « tirait de son côté, » n'avait souci que de s'isoler, d'échapper un moment à cette promiscuité du bord, à ces conversations invariables, à ces visages toujours les mêmes et que l'accoutumance avait fini par lui rendre presque odieux. Que des cerveaux mal prémunis n'aient pu s'accommoder d'un tel régime, la chose ne s'entend que trop bien. C'est dans un phare du Finistère, je crois, qu'un des gardiens fut brusquement frappé d'aliénation. Il faisait nuit ; son compagnon tenait le quart dans la lanterne. Il empoigna la rampe de l'escalier, fonça sur la lampe, voulut l'éteindre. L'autre dut engager une lutte terrible contre lui, le ligoter ; il hissa le pavillon noir de détresse ; on l'aperçut heureusement de terre au matin. La mer facilitait l'accostage. On put s'emparer du fou, le remplacer par un autre gardien. Parfois, l'impression première est si forte qu'elle désorganise tout de suite le nouveau venu. Un gardien du Grand-Léjon, qui avait pris, la veille, possession de son poste, affolé par la surexcitation de cette vie cellulaire et plus encore par l'effroyable bruit qu'il entendait dans la lanterne, par les coups de vent qui secouaient le phare, entre-choquaient les bidons, les verres, ne put résister à cet ébranlement : il démissionna aussitôt, revint à terre. Il tient aujourd'hui une auberge sur le port, à Lézardrieux.

Par beau temps, l'été, quand le rocher découvre, l'homme dans la pêche trouve une occupation. Les parages autour des Isolés sont généralement poissonneux ; mais la pêche, toute barque étant interdite aux gardiens, ne peut se faire que du rocher, à la ligne, avec des casiers et des nasses. Le poisson pris sert à varier l'ordinaire. On le met en réserve, quand il surabonde, dans des viviers naturels pour lesquels on utilise les anfractuosités des rochers et qu'on recouvre de planches à claire-voie. En quelques phares, comme les Héaux, la pêche se pratique à mer haute : on ceint les soubassements d'une grosse corde d'où pendent des ficelles avec des hameçons amorcés ; à mer basse, les poissons capturés font une guirlande autour du phare. Il arrive aussi qu'au printemps et à l'automne, lors des « passages, » la plate-forme du phare est toute jonchée de cadavres d'oiseaux. L'éclat du foyer les attire. On a remarqué cependant qu'ils évitaient les secteurs rouges ; la position des vents, l'état atmosphérique influent également sur leur direction. Dans la Manche, c'est quand les vents ont tendance à « haler » sur le nord-est et sur l'est qu'on prend le plus d'oiseaux autour des phares ; dans la Méditerranée, c'est surtout par les vents de sud. Il n'est pas rare qu'on trouve ainsi au pied du phare, les lendemains de tempête, jusqu'à cinq et six cents oiseaux : merles, grives, pigeons, cailles, etc. L'élan qui les emporte coutre la flamme, la force du choc, la grosseur de certains de ces volatiles, ont causé plus d'un accident. En une seule nuit, par exemple, les neuf glaces du phare Ferret furent mises en morceaux. Au phare de Bréhat, une bernache, après avoir traversé la vitre, creva encore deux cours de miroir et s'abattit sur la lampe ; à Planier, un vol de flamants, de ses becs aigus, fit une crémaillère d'un des secteurs. L'administration, presque partout, a dû poser des grillages autour des foyers : les oiseaux s'y prennent comme aux mailles d'un filet. Le gardien les recueille au matin et, si le casuel gastronomique des braves gens s'accommode de ces hécatombes, leur moral ne s'en arrange pas moins. Toute occupation est bonne qui rompt la déprimante monotonie des factions solitaires. Pêche et chasse n'ont malheureusement qu'un temps. Il faut découvrir autre chose. Certains appellent à leur aide les jeux de cartes, de dames ou de dominos ; l'administration leur fournit un nouveau dérivatif dans les travaux extérieurs (construction de digues, de chaussées en pierres sèches, de chemins d'accès, badigeonnages du phare, etc.) dont elle les charge aux beaux mois. Tout au plus pourrait-on souhaiter que ces travaux supplémentaires leur valussent une indemnité quelconque ou un léger supplément de salaire. Un vieux gardien de phare se plaignait que, depuis quelques années, ces travaux se multipliassent de telle sorte qu'ils lui prenaient tous ses loisirs. Celui-là, pour remplir le vide de ses jours, « faisait de la tresse, » des chapeaux, des cabas en paille de seigle, que sa femme revendait sur le continent : soit quatre ou cinq francs par semaine qui s'ajoutaient à son traitement. Mais la plupart des gardiens, anciens pêcheurs ou marins du service, n'ont pas la ressource du père B…, et c'est encore par la lecture qu'ils arrivent le mieux « à faire passer le temps. » En Angleterre, les gardiens lisent la Bible ; chez nous, des romans-feuilletons. Leur cantine en dissimule toujours deux ou trois, découpés dans *le Petit Journal* ou *le Petit Parisien*, et que leur prêtent des âmes charitables. Faute de mieux, ils se contentent de numéros dépareillés. La cantine de l'un d'eux, que je visitais par curiosité, contenait ainsi quelques numéros du *Pèlerin* et de *la Croix*, les *Témoignages et Souvenirs* du comte Anatole de Ségur, la première partie de la *Pocharde*, en cours de publication dans *le Petit Parisien*, et un *Corrigé de cacographie nouvelle*. L'administration avait établi une bibliothèque circulante pour les gardiens de phare : elle l'a supprimée depuis quelques années, et elle a aussi bien fait : à ces cerveaux élémentaires, de premier jet, pour qui la lecture ne peut et ne doit être qu'une distraction, elle offrait des traités de morale et des manuels de chimie. Il leur eût fallu de l'Alexandre Dumas père et du Jules Verne, qui m'ont paru jouir chez les gardiens de phare d'une considération toute spéciale.

Quand les distractions sont si rares cependant, les journées si lourdes et si lentes, bien venue des gardiens est la nuit, même en hiver où elle tombe après quatre heures, qui clôt tout de suite leurs yeux, les roule comme des enfants dans ses ondes molles et léthargiques. La sonnerie de quart, qui les jette debout au premier appel, n'interrompt pas toujours ce bienheureux engourdissement. Leurs actes empruntent de là quelque chose de somnambulique et ils finissent par les exécuter sans réfléchir. On a souvent remarqué la taciturnité singulière de certains gardiens de phare ; un de ces modestes fonctionnaires, mort l'an passé, le père Leroy, n'adressait la parole à ses collègues que pour les besoins du service ; hors de là, jamais un mot. D'autres prennent en horreur le monde, se laissent gagner, à la longue, au charme profond et grave de la solitude : un certain Verré, aux Roches-Douvres, fuyait ainsi toutes les occasions de revenir à terre, cédait chaque fois son tour à l'un de ses camarades. Chez les gardiens bretons, il n'est pas rare non plus que le régime des Isolés développe le côté mystique de la race. Encore ce mysticisme n'a-t-il jamais revêtu de forme plus étrange que chez un gardien nommé Saint-Ilan, lequel, en reconnaissance d'une grâce obtenue de sainte Anne, s'était voué à elle et portait toujours et partout, entre le petit doigt et l'annulaire de sa main gauche, une statuette en plomb de cette sainte.

Et, je pense, ni cette taciturnité, ni ce mysticisme n'étonneront chez les gardiens des Isolés. À ces prisonniers volontaires de l'infini, le rêve et la prière sont de puissants auxiliaires, comme à tous les prisonniers. Semblablement, ce qu'on nous rapporte, dans des mémoires célèbres, sur la patience d'un Silvio Pellico, d'un Pellisson ou d'un Blanqui, à dresser des araignées et des écureuils, trouve chez eux sa vérification journalière. Je me souviens, comme d'une chose touchante, d'avoir vu s'abattre aux Triagoz, dans la cuisine ou nous étions assis, un vol d'alouettes marines, de cette race si farouche et si vive, et qui, comme apprivoisées, trottaient sur le sol en picorant les miettes de notre déjeuner. Mais le curieux est que ces oiseaux s'étaient familiarisés d'eux-mêmes et vivaient avec les gardiens en toute liberté. « C'est toute notre société aussi, me disait un de ces hommes, et les matines savent parfaitement que nous ne leur ferons jamais de mal… Tout de même, un hiver qu'on avait passé cinq semaines sans nous ravitailler, à cause de l'état de la nier, il ne nous restait plus de biscuit, seulement un peu de lard. Les petites bêtes criaient après nous ; elles montaient même sur notre table. Mais nous n'avions rien à leur donner. Et mon camarade, qui était plus hardi que moi, disait quelquefois entre les dents : « Quand il n'y aura plus de lard, il faudra bien qu'on leur torde le cou. » Moi, je ne répondais rien, mais j'avais le cœur tout chaviré à cette idée. Heureusement que le baliseur arriva deux ou trois jours après, quand la tempête fut finie. Les oiseaux tournaient autour de nous en criant et en battant des ailes ; nous avions certainement aussi faim qu'eux, mais nous aurions cru faire un péché de porter un morceau de pain à notre bouche avant de leur en avoir émietté une petite tranche. » J'ai lu un trait analogue du phare de South-Stock, près de Holyhead. Là, ce sont des mouettes qui tiennent compagnie aux gardiens. On s'en sert même comme de signaux : sur les murs du *light-house*, elles se perchent par temps de brume et poussent de longs cris aigus qui avertissent les navires mieux qu'un canon ou une cloche.

Dans les phares les plus voisins du littoral, quand les vents viennent de terre, on entend parfois, le dimanche, les cloches du continent : elles sonnent pour l'*Introït*, elles sonnent pour le *Sanctus* et l'Élévation, et, comme la sonnerie change aux divers moments de la messe, les gardiens peuvent suivre en esprit l'office qui se déroule. Bien peu y manquent. À Pâques, à Noël, quand la communauté chrétienne est dans la joie, le phare participe encore à l'allégresse commune. On hisse le pavillon et, ce jour là, si l'âpreté du régime n'a pas tout à fait brisé en eux le ressort de la sociabilité, les gardiens s'attardent à boire du café et à causer des absents. On a travaillé double la veille pour gagner du loisir et, sur la plate-forme du phare, dans les embellies, on reste, comme des retraités, à regarder la terre dont l'échiné grisâtre s'allonge sur l'horizon. Cette terre ainsi aperçue, et qu'une consigne rigoureuse plus encore que la distance défend aux exilés, elle a pour eux l'attrait de l'inconnu. Que se passe-t-il là-bas ? Comment se portent la femme et les enfants ? Qu'ils aillent bien ou mal d'ailleurs, le gardien est rivé à son poste et ne le peut quitter sous aucun prétexte. On conte qu'au phare du Four, le gardien-chef, accoudé sur le parapet de la plate-forme, regardait sa maison, placée en face de lui sur la grève. Il y crut distinguer une tache noire : il prit ses jumelles d'approche et vit que c'était un drap mortuaire qui était tendu sur sa porte. Le tragique est ainsi mêlé en tout temps à la vie de ces hommes ; mais il fait tellement corps avec elle, qu'ils l'acceptent comme une condition de leur destinée. Dans les nuits de tempête, par grand vent ou par brume surtout, alors que la flamme du phare rôde comme un oiseau affolé dans la cloche de vapeur qui la tient prisonnière, à quels drames n'ont-ils point assisté ? Si puissants, en effet, que soient les derniers appareils d'éclairage, ils n'arrivent point à percer les opaques ténèbres de certains brouillards. Vainement a-t-on voulu suppléer à la lumière par le son : les profonds rugissements des sirènes marines ont peine à traverser ces couches denses et cotonneuses [8]. Combien de navires n'ont entendu la sirène, aperçu la diffuse clarté du phare, qu'à la minute même où le courant les drossait contre l'écueil qui le porte ? Du moins, à l'aide de cordes, de gaffes, les gardiens ont-ils pu bien souvent sauver la vie à de malheureux naufragés dont le navire venait de s'abîmer sous leurs yeux. Les registres des phares sont là pour l'attester. Il faut ouvrir ces registres, relever dans toute leur poignante simplicité les observations que les gardiens consignent en marge pour être transmises à l'ingénieur. Le 21 avril 1897, à sept heures du soir, le gardien des Sept-Îles aperçoit un incendie sur la mer, dans le N.-E. de l'île Bonneau, à environ 10 milles de distance. « L'obscurité, écrit-il, commençait à se faire, ce qui m'empêchait de bien voir. Cependant, je distinguai l'ombre d'un très grand navire : les flammes s'élevaient dans toute sa longueur à trois endroits différents et, par intervalle, il semblait que des explosions se faisaient à bord. À 8 h. 30, je ne distinguai plus rien. Le temps était calme et la mer belle. Je ne pouvais faire aucun signal de détresse au sémaphore, vu que la nuit venait. » Quelle évocation dans ces lignes ! Le défaut de barque, l'impossibilité où sont les gardiens de quitter leur poste, ont trop souvent fait d'eux les témoins impuissants de nos grandes catastrophes maritimes. Eux-mêmes ont leurs drames cachés, leur mystérieux martyrologe. Pour solidement bâtis que soient les phares, ils ne résistent pas toujours au choc des éléments : le phare d'Eddystone s'abîma une première fois dans la tempête de nuit du 26 novembre 1703. Le nouveau phare, construit avec plus de soin par Rudyard, brûla dans la nuit du 1er novembre 1755. Un troisième phare, construit peu après et réparé en 1839, puis en 1865, donnait des inquiétudes par suite de l'affaiblissement graduel du gneiss sur lequel il repose : on a dû le remplacer. Le phare de Fletwood, bâti sur pilotis, fut détruit, en ce siècle même, par le choc formidable d'un navire. Plus récemment, en 1877, le phare Krishna, situé en deçà des bouches du Gange, a brusquement disparu. Comment ? Pourquoi ? Personne n'a pu le dire. La catastrophe n'eut pas un seul témoin ; mais on s'aperçut un jour que le phare n'existait plus. Et, ces risques de disparition totale écartés, quand on ne tiendrait compte que des dangers partiels auxquels sont exposés les gardiens de phares, l'horreur le disputerait encore à la pitié. Le 2 novembre 1876, par beau temps, à 4 mètres au-dessus des hautes eaux, le gardien Vimel, occupé sur la plate-forme extérieure du Four à fixer la corde de débarquement, est enlevé par une lame de fond sous les yeux de ses camarades. Quelques mois auparavant, dans ce même phare, la lanterne avait été crevée par un coup de mer si violent que les éclats de verre tailladèrent les armatures de cuivre de l'appareil : sous les masses d'eau qui les recouvraient, dans l'effort du vent, au péril de leur vie, les gardiens travaillèrent six heures à remonter le vitrage. Au phare de la Vieille, dans la tempête de décembre 1896, une lame défonça deux panneaux de la lanterne, pénétra dans la tour, inonda l'escalier, les chambres, la soute aux vivres, jeta à l'intérieur 17 mètres cubes d'eau. Les gardiens pensèrent faire naufrage dans leurs lits. L'accostage même, dans certains Isolés de pleine mer, peut passer pour un exercice redoutable. Pas de cales : seulement un escalier taillé dans une roche accore ; quelquefois de simples crampons de fer scellés dans le soubassement. Le canot, d'une lame à l'autre, subit des différences de niveau qui le portent brusquement à 4 mètres en contre-bas de sa hauteur première : il faut saisir la seconde précise où la lame le prend sur sa crête pour sauter du bord, se cramponner à l'échelle ; à la moindre hésitation, on est perdu. Aux approches d'Armen, et pour résister au courant qui est formidable à cet endroit, le baliseur « met sa machine sur ses chaînes, » c'est-à-dire qu'il fait machine en avant pour se maintenir sur place. Nul moyen de détacher un canot : le courant l'emporterait. Les gardiens lancent un cartahut de la tour ; ce cartahut est attaché au mât de misaine du baliseur et sert lui-même à l'installation d'un va-et-vient. Les novices empruntent la planchette du va-et-vient ; les vieux routiers se hissent à la force du poignet. Aux uns et aux autres, cependant, on passe une ceinture de sauvetage, et la précaution n'est pas superflue : le cartahut peut se rompre, une lame peut rafler en plein air le transbordé.

D'autres dangers l'attendent à l'intérieur même du phare et jusque dans son service de jour. Gare aux vertiges, aux éblouissements, à la maladie ! Chaque phare est pourvu d'un coffre à médicaments ; mais la plupart des gardiens n'ont aucune notion sur l'emploi de ces médicaments. Dans la salle basse des Triagoz, Corre jouait aux dames avec son gardien-chef. Il le quitte un moment pour les besoins du service, rentre, trouve son compagnon qui semblait dormir et le frappe à l'épaule : l'autre lui reste dans les bras et succombe quelques instants après. Des sinapismes l'auraient probablement sauvé. En plusieurs phares, l'aménagement intérieur laisse fort à désirer : aux Roches-Douvres, à la Nouvelle-Calédonie, par exemple, l'étroit escalier qui mène à la lanterne est flanqué des deux côtés par le vide : la rampe n'arrive qu'à mi-corps ; un faux pas est mortel. Jean Mével, gardien aux Roches-Douvres, qui venait de finir son quart de nuit, tomba de la sorte, le 6 janvier 1893, dans la cage de l'escalier et se tua net. Ses compagnons le roulèrent dans un prélart et firent au matin les signaux de détresse. Mais le vent n'était pas maniable ; quinze jours durant, les approches des Roches-Douvres furent interdites au baliseur des ponts et chaussées. On imagine aisément la vie des deux compagnons pendant ces quinze jours. Sur un carnet de notes tenu par l'un d'eux, aujourd'hui gardien aux Sept-Îles, j'ai copié ce qui suit et qui en dit long dans sa sécheresse de schéma : « Le 7, fait un cercueil ; rien en vue, lancé deux fusées. Le 8, il est passé un vapeur et une goélette ; le pavillon était en berne ; le 9, deux bateaux de Cancale étaient en vue : fait des signaux, lancé une fusée à l'allumage, mis la cloche en marche. Le 10, aucun navire en vue, fait des signaux au démasquage. Le 14, un sloop est passé près du phare, se dirigeant sur Lézardrieux, qui a dû voir les signaux. Le 12, à 9 heures, lancé quatre fusées, mis le pavillon en berne. Un Danois est passé près

Charles Le Goffic

du phare se dirigeant sur le Trieux. Le 13, le 14, le 15, le 16 et le 17 renouvelé les signaux, rien en vue. Le 18, passé deux dundees et un yacht-sloop ; vers 11 heures du matin mis le pavillon en berne. » Le 20 seulement une petite fumée tacha l'horizon : c'était le baliseur. Les signaux n'avaient pas toujours été aperçus et c'est une remarque que, pour les signaux de jour tout au moins, le pavillon en berne ne se lit pas suffisamment. Il faisait gros temps, alternant avec de la brume et de la neige. Les deux survivants, Leroy et Chevanton, se tenaient en permanence dans la lanterne, collés aux vitres et fouillant du regard la morne étendue. Ils n'osaient se quitter, veillant ensemble dans la chambre de l'appareil, se relayant pour les quarts et couchant le reste du temps sur des peaux de mouton et des couvertures. À mesure que se poursuivait leur attente, des hallucinations les prenaient, les clouaient blêmes contre les panneaux de la lanterne. Ils croyaient entendre des pas dans l'escalier ; dehors une main cognait aux vitres ou bien une voix les appelait par leurs noms. Ils mangeaient à peine, se soutenaient d'un peu de café froid. « Pendant ces quinze jours, me disait Leroy, nous avons mangé à nous deux six livres de pain. » Leroy, plus résistant, homme d'âge et d'expérience, tâchait de ranimer son compagnon dont le cerveau commençait à vaciller. Par une admirable domination de soi-même, ils ne négligèrent pas une seule fois, pendant ces quinze jours, d'allumer le feu, de veiller aux menus détails du service. Seulement, le quinzième jour au matin, quand on put venir enfin à leur secours, les deux hommes étaient méconnaissables, Chevanton presque fou. On ne put décider ce dernier à revenir aux Roches-Douvres où il débutait comme auxiliaire ; il est entré comme garde-magasin dans le parc du balisage.

C'est à des dangers d'une autre sorte qu'ont affaire les hommes des bateaux-feux et, à vrai dire, si leur rôle est le même que celui des gardiens d'Isolés, leur genre de vie est bien différent. Ils ont bien comme eux leur famille à terre. Mais leur réclusion n'est ni si pénible ni si longue. Le branle de la mer leur donne l'illusion du mouvement ; quoique ancré à un corps-mort, le navire « file de la chaîne, » se déplace ; ce n'est plus l'immobilité absolue du phare. Le personnel des bateaux-feux comprend plusieurs hommes : deux officiers généralement et neuf matelots. Ce chiffre ne paraîtra point excessif, si l'on a égard aux difficultés de la manœuvre et qu'il importe de maintenir continuellement ces énormes pontons, contre vents et marées, debout au courant et à la lame. L'oscillation est d'autant plus sensible à bord qu'au lieu de suivre le mouvement cadencé des houles, le navire est brusquement entraîné, après chaque vague, par la lourde chaîne qui le saisit à l'avant. L'étrave plonge et se relève par à-coups. La dureté de ce tangage est réellement insupportable. Qu'est-ce donc quand les courants et les vents ne suivent pas la même direction et que le roulis s'ajoute au tangage ? L'eau embarque de tous les côtés ; tandis que le capitaine se fait amarrer sur la passerelle, les hommes, pour exécuter la manœuvre, s'accrochent au bordage, aux drisses, aux mains courantes.

En décembre 1863, une violente tempête faillit engloutir, corps et biens, un des feux flottants de Dunkerque. Le coup de vent éclata dans la soirée du 2. « Les deux lampes sont éteintes plusieurs fois, dit le journal du bord, tenu par le capitaine Wittevronghel. Le 3, dans la nuit, les vents passent au nord en foudre ; le feu est éteint à nouveau ; grand mal pour hisser la lanterne à cause du tangage. Le 4, le navire est balayé de l'avant à l'arrière par les lames. La chambre, le poste d'équipage sont pleins d'eau ainsi que les corridors. À 7 heures du matin, la chaîne casse. Le navire est foudroyé vers la côte. Mouillé aussitôt un troisième ancre ; mais un instant après le navire talonne. Nous sommes obligés de démailler pour le soulager. La mer nous couvre de toutes parts. » Une lame plus forte prit le navire par-dessous, l'emporta sur sa crête, le jeta dans un banc de sable où il s'enfonça de tout son poids. Heureusement la côte était proche ; l'équipage fut sauvé.

Section V

Aux hommes qui acceptent, que dis-je, qui sollicitent cette vie de misère et d'abnégation, l'Etat est redevable d'un salaire. Lequel ? Référons-nous au décret du 11 janvier 1884. Ce décret établit sept catégories de gardiens ; les maîtres de phare, qui touchent 1 200 francs par an ; les gardiens de 1re classe, qui touchent 1 000 francs ; les gardiens de 2e classe, qui touchent 875 francs ; les gardiens de 3e classe, qui touchent 800 francs ; les gardiens de 4e classe, qui touchent 725 francs ; les gardiens de 5e classe, qui touchent 650 francs ; et les gardiens de 6e classe, qui touchent 575 francs. Notez qu'aux termes du règlement, maîtres et gardiens « sont tenus, indépendamment du service de l'établissement auquel ils sont spécialement attachés, de faire, sur la demande de l'administration, le service des autres établissements situés à proximité. » S'il est constant néanmoins que ces établissements, « en raison de leur position ou de leur importance, auraient pu motiver l'emploi d'un agent spécial, » il peut être accordé aux maîtres et gardiens une indemnité maxima de 100 francs. Tel est le cas du gardien de la Croix, qui passe au phare de Bodic ses quinze jours de terre. Quand plusieurs gardiens sont attachés au service d'un même établissement qui ne comporte pas de maître de phare, celui à qui est attribué le commandement sur les autres avec le titre de gardien-chef peut recevoir aussi un traitement supplémentaire de 100 francs. D'autres indemnités peuvent être attribuées aux gardiens, soit en argent, soit en nature, suivant la décision de l'ingénieur en chef, pour chauffage, pour vivres de mer (indemnité applicable seulement aux phares isolés en mer ou éloignés des centres d'habitation), pour logement (indemnité applicable aux agents à qui l'Etat ne fournit pas de logement), pour résidence (indemnité applicable aux agents placés dans des localités malsaines ou dans lesquelles la vie est plus particulièrement coûteuse), pour la conduite des moteurs actionnant des machines électriques ou des signaux sonores, pour les observations météorologiques ou de visibilité des feux et, généralement, pour tout travail supplémentaire ordonné par le ministre [9]. Il est à remarquer que la plupart de ces indemnités n'ont aucun caractère obligatoire et j'ai constaté effectivement qu'en beaucoup de cas (construction de chaussées, chemins d'accès, cales, etc.) l'ingénieur ne juge pas à propos d'indemniser les hommes. Les sept catégories établies par le décret du 11 janvier 1884 n'embrassent d'ailleurs qu'une partie seulement du personnel des phares. Outre les gardiens classés, ce personnel comprend les gardiens hors classe, dont les émoluments sont fixés par des décisions ministérielles. De ce nombre sont les officiers, marins et mousses des feux flottants et des bateaux baliseurs, ainsi que les agents (hommes ou femmes) attachés à des établissements secondaires et dont le service comporte une rémunération moindre que celle des gardiens de 6^{e}classe : telle gardienne de phare hors classe, veuve, chargée de famille, touche par exemple 35 francs par mois et n'est point admise à la « retenue. » Ces 35 francs ne lui donneraient point à vivre et aux siens, si la générosité des touristes ne suppléait à la parcimonie de l'Etat. Un visiteur, à qui le gardien fait les honneurs du phare, ne s'en va point sans lui laisser un léger pourboire. Mais ce casuel est temporaire et limité à la belle saison ; encore les gardiens des Isolés de pleine mer, inabordables au tourisme élégant, n'en connaissent-ils point la douceur.

On pourrait croire, tout au moins, en raison de la médiocrité des salaires et du danger continuel où sont exposés ces braves gens et qui passe celui de la navigation côtière, que l'Etat les admet au bénéfice de la « faveur d'âge » accordée aux inscrits maritimes. Ceux-ci ont droit à leur pension de retraite après vingt-cinq ans de service : les gardiens de phare n'y ont droit qu'après trente ans, comme dépendant du ministère des Travaux publics, qui les assimile aux cantonniers. Soumis à une surveillance rigoureuse, punis en cas de négligence par des peines, dont la moindre est la retenue du salaire sur la moitié de leurs émoluments pendant deux mois, ils se doivent à l'Etat même à terre et dans l'intervalle de leurs fonctions ; l'obligation de la résidence n'existe pas seulement pour eux pendant leur séjour dans les Isolés ; elle est de règle encore sur le continent, et il leur faut habiter la ville ou le village que l'administration désigne comme port d'attache au baliseur des ponts et chaussées chargé de la relève et du ravitaillement des phares.

Cette résidence, pour les gardiens des Côtes-du-Nord, est au bourg de Lézardrieux où se trouvent le parc de balisage et le port d'attache du baliseur. Campée sur la rive gauche de ce magnifique Trieux qui a, en cet endroit, la largeur et la majesté des fleuves américains, au flanc d'une colline violette lisérée de goémons noirs, la petite ville s'attarde quelque temps autour d'une pauvre église sans caractère et dévale brusquement, par une rampe à pic, dans la verte échancrure de Traou-an-dour. Une simple cale et quelques enrochements feraient de Traou-an-dour un port très présentable ; on y songe, je crois. En attendant, les arbres trempent dans le fleuve et les barques s'y amarrent, à mer haute, pour décharger le goémon ou le sable qu'elles rapportent de Plougrescant et de l'île d'Er. L'éperon de roc qui garde Traou-an-dour vers le large n'est séparé lui-même de la Roche-Donnant que par une étroite coupure. Cette roche singulière hérisse son échine abrupte au milieu du fleuve et, derrière la barricade naturelle qu'elle oppose à la lame et aux vents, une vieille frégate désaffectée achève placidement sa carrière près de l'ancien bateau-feu des Minquiers : la frégate sert de magasin de ravitaillement aux torpilleurs de la défense mobile ; le bateau-feu remplit la même destination près du baliseur des ponts et chaussées. Ces deux invalides de la mer sont toute la vie de ce grand fleuve exubérant et solitaire, dédaigné de la marine, ignoré de l'industrie, et qui roule, entre des berges de bruyères et d'ajoncs, l'inutile richesse de ses eaux. Le vallon de Traou-an-dour, perpendiculaire au fleuve, contraste cependant par la beauté de sa flore avec l'ordinaire stérilité du paysage. Devant les petites maisons blanches et proprettes qui longent le chemin de halage ou s'accrochent à la rampe du bourg, les seringas, la vigne vierge, l'agnus castus, les passeroses et les mauves arborescentes font un treillis de verdure piqué des fleurs les plus variées. Sauf deux ou trois, qui sont à usage d'auberge, la plupart de ces habitations champêtres sont occupées par des familles de gardiens de phare ou de marins du balisage. On compte à Lézardrieux vingt-cinq ménages de cette sorte, tout grouillants d'enfants, et dont les chefs sont absents trois mois sur quatre. L'intérieur des maisons ne dément point la bonne impression qu'on en reçoit du dehors. J'en ai visité quelques-unes, où je retrouvais ce souci de l'aménagement et cette propreté méticuleuse qui sont l'orgueil des gens de mer. L'une d'elles, précédée d'un petit clos planté de choux et de pommes de terre, était toute tapissée de roses trémières et de capucines ; des pousses de jeunes géraniums montaient d'une caisse peinte en bleu clair, assujettie au rebord de l'unique fenêtre. L'hôte était chez lui. C'est un vieillard nommé T…, âgé de 61 ans, qui attend sa pension de retraite sans trop d'impatience et qui n'y aura droit, d'ailleurs, que dans huit ans. Il a débuté tard comme gardien ; encore faillit-il être renvoyé du service à peine entré. Lors de la construction du phare de la Corne, on l'avait chargé de percer au burin, dans le granit de la plate-forme, des trous destinés à recevoir les crampons de l'échelle : un gravier lui creva le cristal de l'œil. Il n'était que stagiaire. S'il perdait l'œil, s'il était reconnu borgne, son renvoi était certain. Le médecin lui donna un certificat de complaisance et, par complaisance encore, ou pour n'avoir point à lui verser d'indemnité, on consentit à l'admettre comme gardien.

Cet accident ne l'a point aigri ; à soixante et un ans, sa bonne humeur reste entière : « J'ai perdu, dit-il, une croisée de ma maison, mais l'autre durera autant que moi. » Sa première femme, dont il avait eu cinq enfants, mourut pendant qu'il était à la Corne. Il ne put même pas l'embrasser. Resté « veuvier, » il se remaria, eut deux autres enfants de sa nouvelle femme. Tous les sept sont grands aujourd'hui et au service. Quant à lui, c'est un vieux professionnel des phares et il aime autant cette vie-là qu'une autre. Ses « collègues » sont pleins d'attention pour lui, l'aident dans les travaux d'intérieur, lui font la lecture. Il est le doyen des gardiens, comme tel respecté. Ses notés sont excellentes ; il n'a pas été puni une seule fois dans toute sa carrière. À ce vieux brave, s'il est encore en vie quand sonnera l'heure de la retraite, l'administration française allouera 400 francs par an et se croira quitte.

Il en recevrait le triple aux Etats-Unis, le double en Angleterre. Nulle part le traitement des gardiens n'est aussi faible qu'en France. On alléguera que le décret du 11 janvier 1884 a surélevé ce traitement une première fois et qu'aussi bien, le nombre des demandes d'entrée dans l'administration des phares passe celui des admissions. Cela est vrai peut-être sur le littoral de la Manche et de l'Océan ; mais, si je ne me trompe, le recrutement des gardiens de phare présente déjà quelque difficulté sur le littoral de la Méditerranée où il a fallu, par des indemnités spéciales, porter le traitement de début des gardiens à 72 francs par mois, quoique le service y soit singulièrement moins périlleux et moins rude que sur les côtes vendéennes ou bretonnes. Un moment viendra sans doute où le personnel des phares, qu'on réduit déjà au strict minimum, pourra être bien diminué encore. L'Amérique possède depuis plusieurs années des fanaux permanents de pleine mer dont l'éclairage s'opère sans l'intervention de gardiens. Chacun de ces fanaux est muni de réservoirs en tôle d'acier, dans lesquels on emprisonne, sous la pression de quinze atmosphères, une quantité de gaz ou d'huile minérale susceptible de fournir trois mois de lumière au brûleur. D'Amérique, ce mode d'éclairage a passé chez nous, où il fonctionne sur quelques points de la côte, tels que le récif de Lavardin, près de La Rochelle, et le récif des Chiens-Perrins, près de l'île d'Yeu. L'écueil de la Horaine a reçu, il y a quelques mois, un de ces feux permanents et on en établit, en ce moment, à Porsal et sur le Pot-à-beurre (entrée de l'Abervrac'h). Quelques feux isolés de pleine mer (l'île Harbour, la Corne, le Haut-Banc du Nord) ont même été remplacés, en ces dernières années, par des feux permanents autonomes. Il y a évidemment là, pour le régime des phares français, une économie appréciable et dont ne peut que bénéficier notre réseau d'éclairage maritime sur des points qui, comme le plateau de Barnouic et la pointe Beauduc [10], attendent encore d'être signalés à la navigation. Mais, applicable aux fanaux secondaires, il n'est point à penser que le système des feux permanents puisse l'être jamais aux phares de grand atterrage. L'*État de l'éclairage des côtes de France et d'Algérie* reconnaît que ces feux, « bien que donnant des résultats satisfaisants, ne sauraient offrir les mêmes garanties que ceux qui sont surveillés sans cesse. » La condition des gardiens chargés de cette surveillance reste donc un juste objet d'attention. S'il est vrai qu'on ne puisse songer de longtemps à surélever leurs salaires, d'autres mesures s'imposent, d'une réalisation plus aisée, et qui ne laisseraient pas d'être bien accueillies du personnel des phares. On en a indiqué quelques-unes au cours de cette étude, et l'on nous pardonnera de les reprendre ici pour les grouper en faisceau.

Quand les gardiens vivent en famille, comme à Planier, et que leur petite colonie, perdue entre le ciel et l'eau, est comme coupée du monde, n'y aurait-il pas quelque humanité à charger un instituteur ou une institutrice de faire la classe à leurs enfants une ou deux fois par semaine ? Le transport ne coûterait guère sur le bateau des ponts et chaussées et ce ne sont pas les bonnes volontés qui manqueraient dans le corps des instituteurs marseillais. Ne serait-il pas possible aussi de rétablir l'ancienne bibliothèque circulante des gardiens de phare en l'adaptant aux besoins de ces pauvres gens ? On les charge fréquemment de travaux étrangers à leur condition : ces travaux devraient être rémunérés à part et le produit s'en ajouter à leur salaire. Il semble bien encore qu'une distinction devrait être faite, dans les traitements, entre les gardiens des Isolés et les gardiens de terre ferme. La vie des premiers est autrement dure et périlleuse que la vie des seconds, et ils n'ont point de casuel pour l'adoucir. Enfin, et cette mesure leur serait précieuse entre toutes, l'assimilation pour les droits à la retraite des gardiens de phares aux inscrits maritimes n'apparaît-elle point comme souverainement logique et juste, et n'est-ce point pitié d'arguer, pour la combattre, du rattachement de ces humbles fonctionnaires à un autre ministère que celui de la Marine ?

Quelques mesures de cet ordre, d'autres sur lesquelles le corps des ingénieurs se prononcerait utilement, rendraient supportable la condition des gardiens et ne feraient point une grosse brèche dans le budget. Les grands travaux nouvellement achevés, en cours de construction ou décidés, réclament un personnel de plus en plus actif et intelligent. Après le phare d'Eckmühl, qu'on inaugurait en 1897, l'île Vierge, sur la côte nord du Finistère, va être dotée d'un phare de premier ordre, le plus haut de France, et qui mesurera 75 mètres, de la lanterne au soubassement. La tour de Créac'h, haute de 68 mètres, doit être pourvue cette année d'un appareil de feu éclair électrique ; la pointe de Riou, en face de Planier, est désignée pour recevoir un fanal ; Armen et le phare de Sein viennent d'être complètement transformés, leur longueur focale développée, l'intensité de leur puissance lumineuse décuplée. L'*Etat de l'éclairage des côtes de France et d'Algérie* en date de 1895 comptait 690 phares, fanaux, pontons et bouées. Sur un signal mystérieux, dans la tombée des premières ombres, ces 690 feux s'allument tous à la fois ; mais la clarté qu'ils projettent au démasquage n'a rien de brusque ni d'aveuglant. Longtemps prisonnières, leurs flammes pâles et douces, comme suspendues au bord des hautes cages de cristal, semblent hésiter à prendre la volée et tâtonnent dans le reste de jour qui traîne sur la mer. Elles s'enhardissent bientôt, et l'épaississement des ombres élargit à mesure le cercle de leurs évolutions. Quelques instants encore et, sous le lourd écran nocturne, leurs fulgurantes lueurs empliront tout l'horizon visible : beaux oiseaux de lumière et d'espoir, elles ne rentreront dans leurs cages que les ténèbres disparues, le péril passé, le plein jour rendu à la navigation. Saluons-les au passage ; mais songeons à ceux qui se sont faits là-bas, sur la face trouble de l'abîme, pour un salaire dérisoire, les surveillants et les guides de leurs nocturnes évolutions. Que la poétique clarté du phare ne nous abuse pas sur la pénible existence des hommes chargés de son entretien : derrière son pur rayonnement, il n'est que trop juste de discerner l'horreur des écueils solitaires où, dans le sinistre compagnonnage de la houle et du vent, sur une colonne de granit ou de fonte, veillent éternellement ces stylites de l'infini.

Notes

1.   Michelet. — La mer.

2.   Bell-Rock a coûté 1 390 000 francs ; le mètre cube 1 721 francs ; Cherry-Vore 1 805 000 francs ; le mètre cube 1 088 francs. Mais il faut tenir compte de la cherté des matériaux et de la différence des salaires ouvriers.

3.   Rapport de la commission spéciale instituée par décision ministérielle.

4.   Tableau du Raz de Sein.

5.   Noguès : Mœurs d'autrefois en Saintonge.

6.   D'après Ibn-Khordadbeh, le phare d'Alexandrie s'élevait sur quatre écrevisses immergées. Mais il est bien certain que, par écrevisses, l'auteur entendait une forme spéciale de fondation sur pilotis.

7.   Cf. Habasque : Les Côtes-du-Nord.

8.   « Les navigateurs ne doivent pas perdre de vue que, dans certaines circonstances atmosphériques, la portée des signaux sonores, même des plus puissants, tombe au-dessous de 2 milles. » État de l'éclairage des côtes de France et d'Algérie. Instructions générales.

9.   Ces indemnités excèdent rarement 150 francs. Pour le quart de machinerie, par exemple, le gardien touche une indemnité de 0 fr. 80. Comme ces quarts sont tantôt de dix, tantôt de vingt par mois, l'indemnité varie mensuellement entre 18 et 8 francs et

atteint au bout de l'année 156 francs.

10.   Faute d'un fanal, la Louise s'est encore perdue devant cette pointe, l'an passé, entre Marseille et Cette.

ISBN : 978-1546847571

www.ingramcontent.com/pod-product-compliance
Lightning Source LLC
Chambersburg PA
CBHW061450180526
45170CB00004B/1647